essentials

Springer Essentials sind innovative Bücher, die das Wissen von Springer DE in kompaktester Form anhand kleiner, komprimierter Wissensbausteine zur Darstellung bringen. Damit sind sie besonders für die Nutzung auf modernen Tablet-PCs und eBook-Readern geeignet. In der Reihe erscheinen sowohl Originalarbeiten wie auch aktualisierte und hinsichtlich der Textmenge genauestens konzentrierte Bearbeitungen von Texten, die in maßgeblichen, allerdings auch wesentlich umfangreicheren Werken des Springer Verlags an anderer Stelle erscheinen. Die Leser bekommen „self-contained knowledge" in destillierter Form: Die Essenz dessen, worauf es als „State-of-the-Art" in der Praxis und/oder aktueller Fachdiskussion ankommt.

Ekbert Hering

Controlling für Ingenieure

Ekbert Hering
Hochschule für angewandte
Wissenschaften Aalen
Deutschland

ISSN 2197-6708
ISBN 978-3-658-04368-1
DOI 10.1007/978-3-658-04369-8

ISSN 2197-6716 (electronic)
ISBN 978-3-658-04369-8 (eBook)

Die Deutsche Nationalbibliothek verzeichnet diese Publikation in der Deutschen Nationalbibliografie; detaillierte bibliografische Daten sind im Internet über http://dnb.d-nb.de abrufbar.

Springer Vieweg
© Springer Fachmedien Wiesbaden 2014

Springer Vieweg ist eine Marke von Springer DE. Springer DE ist Teil der Fachverlagsgruppe
Springer Science+Business Media
www.springer-vieweg.de

Vorwort

Dieses Werk basiert auf dem „Handbuch Betriebswirtschaft für Ingenieure" von Ekbert Hering und Walter Draeger, 3. Auflage 2000. Dieses Werk hat sich einen hervorragenden Platz als Lehrbuch für Studierende, insbesondere der Ingenieurwissenschaften, und als Standard-Nachschlagewerk für Ingenieure in der Praxis geschaffen. Die Vorteile sind die *große Praxisnähe* (das Werk wurde von Praktikern für Praktiker geschrieben), die Präsentation der *ganzen Breite des Managementwissens* sowie die vielen Beispiele, welche die sofortige Umsetzung in den betrieblichen Alltag ermöglichen. Das Kapitel über Controlling wurde dahingehend erweitert, dass für die einzelnen Unternehmensbereiche (vom Einkauf bis zum Vertrieb) die Aufgaben und Ziele definiert und die erforderlichen Controlling-Methoden ausführlich erläutert werden. Im Marketing- und Vertriebscontrolling sowie im Forschungs- und Entwicklungscontrolling (speziell im Projektcontrolling) kommen Werkzeuge zum Einsatz, die auch den Springer Essentials „Marketingkonzeptionen für Ingenieure" und „Projektmanagement für Ingenieure" bereits vorgestellt wurden. Am Schluss wird ausgeführt, wie diese Controlling-Maßnahmen in ein Steuerungsmodell des Gesamtunternehmens eingebettet sind.

Inhaltsverzeichnis

Einleitung

1

1.1 Wesen des Controllings

Das Wort Controlling stammt aus dem englischen *„to control"* und bedeutet: *„steuern"*, *„führen"* und *„kontrollieren"*. Das bedeutet, dass Controlling sich keinesfalls nur auf die Kontrolle beschränkt, sondern ein *Steuer-* und *Führungskonzept* (Abb. 1.1) darstellt, das

- Ziele mit *messbaren Soll-Werten* festlegt und planvoll ansteuert,
- die realisierten *Ist-Werte* regelmäßig erfasst,
- die *Abweichungen* der Ist-Werten von den Plan-Werten systematisch auswertet,
- anhand der Abweichungs-Analyse *Entscheidungen* trifft, um Korrektur-Maßnahmen zur Zielerreichung oder der Zielvorgaben einzuleiten und
- *Engpässe* auf dem Weg zur Zielerreichung abbaut und die Kräfte des Unternehmens so bündelt, dass die Ziele schnellstmöglich erreichbar sind.

Zusammenfassend lässt sich folgendes sagen:

> ► Controlling ist ein *ziel-, nutzen-* und *engpassorientiertes Führungskonzept*, mit dem Unternehmen kurz-, mittel- und langfristig *erfolgreich geführt* werden können. Das Controlling ist die *Navigationszentrale* und der *Controller* ist der *Navigator*, der, vergleichbar mit einem Kapitän, sein Unternehmensschiff sicher durch alle Bedrohungen des Marktes zu einem lohnenden und ertragreichen Ziel führt.

E. Hering, *Controlling für Ingenieure,* essentials,
DOI 10.1007/978-3-658-04369-8_1, © Springer Fachmedien Wiesbaden 2014

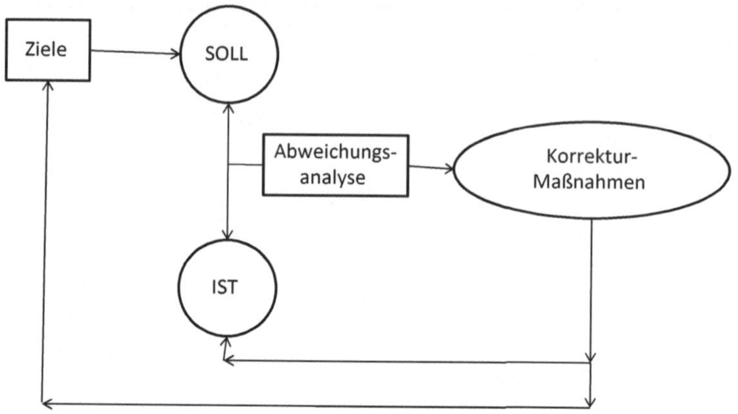

Abb. 1.1 Regelkreis des Controllings (eigene Darstellung)

1.2   Pläne zur Zielbeschreibung

Ziele werden in den Unternehmensplänen festgelegt. Abb. 1.2 zeigt die Pläne im Zusammenhang und Abb. 1.3 die zeitliche Abfolge zur Planerstellung.

Abbildung 1.2 zeigt die einzelnen Pläne im Zusammenhang. Es ist zu erkennen, dass üblicherweise vom *Geschäftsplan* ausgegangen wird. Er stellt einen *Umsatzplan* dar, der ergänzt um einen *Kostenplan* zu einem *Ergebnisplan* erweitert wird. Die erwarteten Umsätze können entweder aus *Prognosewerten* herrühren oder aber bereits durch vorhandene Aufträge planbar sein. In Abb. 1.2 werden die einzelnen Pläne nach ihren *unternehmerischen Funktionen* eingeteilt. Weil in allen Plänen Kosten enthalten sind und Personal gebunden wird, ist der *Kosten- und Personalplan* funktionsübergreifend dargestellt. Funktionsbezogen können folgende Einzelpläne aufgestellt werden:

- *Forschungs- und Entwicklungspläne*
  - Projektpläne mit Zielen, Aktionen, Zeiten und Verantwortlichen (s. Springer Essential „Projektmanagement für Ingenieure").
  - Investitionspläne (z. B. für Prüfstände und Messeinrichtungen).
- *Beschaffungs- und Lagerpläne*
  - Pläne zur Beschaffung von Roh-, Hilfs- und Betriebsstoffen sowie Halbfabrikaten und der Energie in Menge, Preis, Qualität und Zeit.

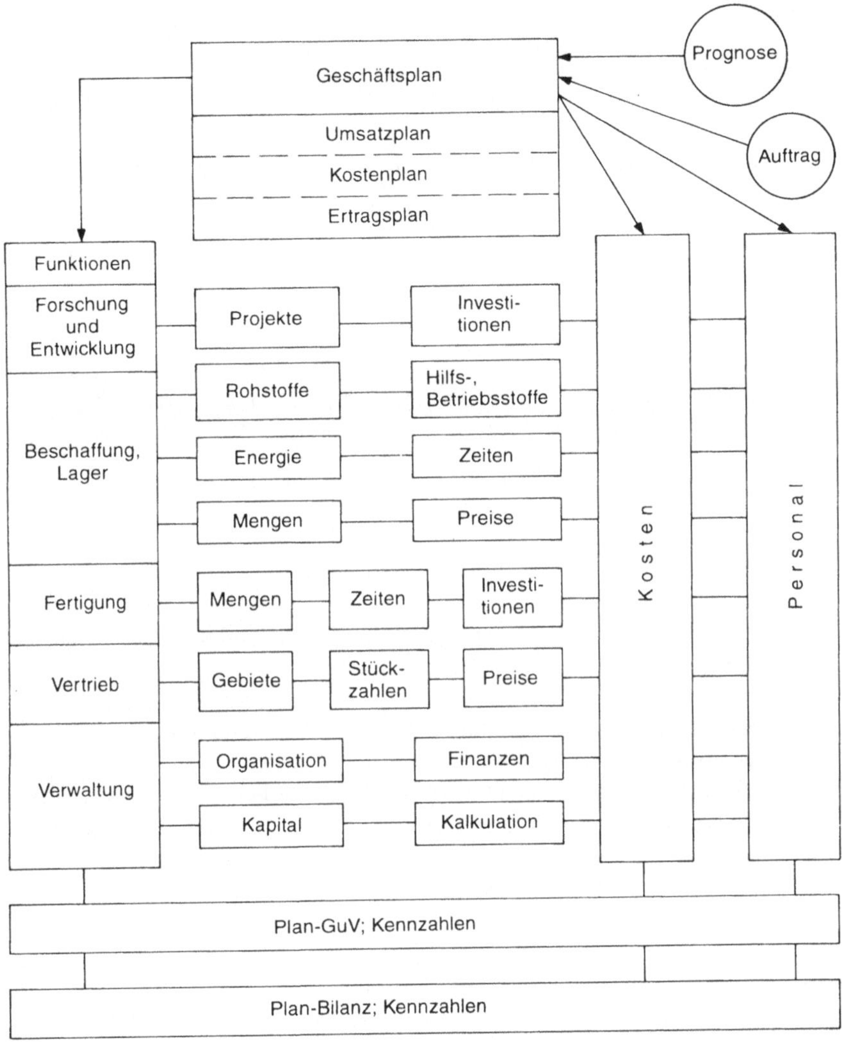

Abb. 1.2 Planungssystematik im Unternehmen. (Quelle: Hering, E., Draeger, W.: Handbuch Betriebswirtschaft für Ingenieure, 3. Aufl. 2000)

- *Fertigungspläne*
  - Die Produkte werden in Mengen, Zeiten und in ihrer Reihenfolge auf den Maschinen geplant. Häufig geschieht das mit Programmunterstützung durch ein PPS-System (PPS: Produktionsplanungs- und Steuerungssystem).

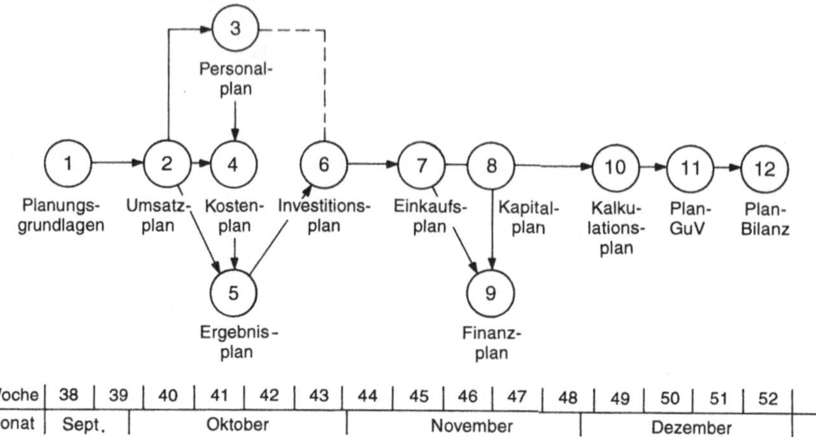

Abb. 1.3 Zeitlicher Ablauf der Planungen. (Quelle: Hering, E., Draeger, W.: Handbuch Betriebswirtschaft für Ingenieure, 3. Aufl. 2000)

- Investitionspläne für Maschinen und Anlagen.
- *Vertriebspläne*
  - Unterteilt in Absatzgebiete werden die einzelnen Produkte in ihren zu verkaufenden Stückzahlen und Preisen geplant.
- *Verwaltungspläne*
  - Organisationspläne für die Aufbau- und Ablauforganisation.
  - Finanzpläne.
  - Kapitalpläne für den Kapitalbedarf und seine Deckung, ausgehend von den Kapitalströmen in das Unternehmen und aus dem Unternehmen heraus.
  - Kalkulationspläne als schematische Pläne zur Vor- und Nachkalkulation von Produkten und Dienstleistungen.

In Abb. 1.3 werden die einzelnen Planungsschritte in ihrer zeitlichen Abfolge dargestellt. Wenn beispielsweise die Planungen zum Beginn des neuen Geschäftsjahres im Januar abgeschlossen sein sollen, dann müssen die Planungsarbeiten Mitte September (38. Woche) beginnen.

- *Schritt 1: Erarbeiten der Planungsgrundlagen (38. Woche)*

Zunächst müssen in Schritt 1 die Planungsgrundlagen erarbeitet werden (z. B. Trends der Marktentwicklungen; Prognose der Steigerung von Löhnen und Materialpreisen; Steigerung des Bruttosozialprodukts; Entwicklung der Kaufkraft; besondere Vorlieben der Kunden und Verbraucher).

- *Schritt 2: Umsatzplan (40. Woche)*

Zusammen mit dem Vertrieb werden die Umsätze des nächsten Jahres pro Monat festgelegt, und zwar aufgeteilt nach den einzelnen Sparten und Regionen bzw. Vertriebsmitarbeiter.

- *Schritt 3, 4 und 5: Personal-, Kosten- und Ergebnisplan (41. Woche)*

Ausgehend von den Umsätzen werden die Pläne für Personal und Kosten entworfen und ein Ergebnisplan aufgestellt.

- *Schritt 6: Investitionsplan (43. Woche)*

Ausarbeiten der erforderlichen Investitionspläne (Gebäude, Anlagen, Maschinen und Programme).

- *Schritt 7: Einkaufsplan (45. Woche)*

Für die benötigten Materialien werden die benötigten Mengen geplant und entsprechend der Lieferzeiten vorbestellt.

- *Schritt 8 und 9: Kapital- und Finanzplan (47. Woche)*

Es werden die Kapitalzu- und -abflüsse geplant und die Finanzierung gesichert.

- *Schritt 10: Kalkulationsplan (49. Woche)*

Die für den Vertrieb maßgeblichen Kalkulationen werden erarbeitet (neben den Kosten sind besonders zu berücksichtigen: Rabatte, Skonti und Boni sowie Provisionen).

- *Schritt 11 und 12: Plan Gewinn- und Verlustrechnung und Plan-Bilanz (51. Woche)*

Für das kommende Geschäftsjahr werden die Gewinn- und Verlustrechnung und die Bilanzen geplant, einschließlich der wichtigen Kennzahlen.

Je nachdem, ob es sich um *strategische* oder um *operative Ziele* handelt, kann man das Controlling einteilen in:

- *Strategisches Controlling*

Das strategische Controlling hat folgende Aufgaben:

- Systematisierung aller für das Unternehmen wichtiger *Trends* im Umfeld des Unternehmens, der *Stärken und Schwächen* des Unternehmens und die dauernde Beobachtung ihrer Entwicklung. (s. Springer Essential „Wettbewerbsanalyse für Ingenieure").
- Entwicklung der sich daraus ergebenden *Chancen* und *Risiken* für das Unternehmen unter Berücksichtigung der *vorhandenen Möglichkeiten* (Mitarbeiter, Maschinen und Anlagen sowie Kapital).
- Festlegen der *geplanten Strategien* zur Zielerreichung und Einbinden der Pläne in das *operative Controlling*.
- Beachtung von *Änderungen* der für die Zielsetzung maßgeblichen *Einflussfaktoren* und gegebenenfalls die Entwicklung von *Anpassungsstrategien* oder *Planänderungen*.

- *Operatives Controlling*

Aufgabe des operativen Controlling ist die *Sicherung* der *Lebensfähigkeit* des Unternehmens (*Liquidität*), einer angemessenen Verzinsung des eingesetzten Kapitals (*Rentabilität*) sowie ein optimales Kosten- und Leistungsverhältnis (*Wirtschaftlichkeit*). In der *operativen Planung* wird die Gesamtplanung des Unternehmens realisiert. In der *operativen Analyse* werden die Abweichungen des SOLL-IST-Ver-

E. Hering, *Controlling für Ingenieure*, essentials,
DOI 10.1007/978-3-658-04369-8_2, © Springer Fachmedien Wiesbaden 2014

gleichs untersucht und Maßnahmen zur besseren Zielerreichung ergriffen (Regelkreis nach Abb. 1.1). Damit werden folgende Aufgaben erfüllt:

– Ursachenanalyse der Abweichung,
– Suchen nach Maßnahmen zum Ausschalten dieser Ursachen,
– Beobachten der Wirksamkeit der eingeleiteten Maßnahmen.

Wegen der Bedeutung des Controllings für den Erfolg des Unternehmens sollte die Stelle des Controllers als *Stabsstelle der Geschäftsleitung* angegliedert sein. Nur dann kann ein Controller unabhängig tätig sein und besitzt im Namen der Geschäftsleitung die erforderliche Autorität.

Controlling in den einzelnen Funktionsbereichen

3

3.1 Controlling des gesamten Unternehmens

Trägt man die Umsätze und die Kosten eines Unternehmens kumuliert monatsweise auf, so sieht man sofort, ob das Unternehmen in der Gewinn- oder Verlustzone ist. Übersteigen die kumulierten Kosten den kumulierten Umsatz, dann tritt ein Verlust ein, im umgekehrten Fall wird Gewinn erwirtschaftet. Tabelle 3.1 und Abb. 3.1 zeigt, dass bei schwachen Umsätzen im Jahresbeginn aber bereits zum Juni der Verlust aufgeholt werden konnte. Aber die abermals schwachen Umsätze der Monate Juli und August konnten bis Jahresende nicht so erhöht werden, so dass das Unternehmen Ende des Jahres einen Verlust zu verzeichnen hat.

Man sieht aus der Tab. 3.1 und der zugehörigen Grafik (Abb. 3.1), ab welchem Zeitpunkt ein Gegensteuern durch Umsatzerhöhung oder Kostensenkung notwendig wäre. Diese Maßnahmen wären ab den Monaten Juli bis August und vor allem auf das Jahresende hin einzuleiten, um zu einem ausgeglichenen Ergebnis zu gelangen. Diese einfache und sehr aussagefähige Darstellung kann auch für einzelne Sparten oder Produktgruppen vorgenommen werden, wenn Umsätze und vor allem die Kosten in diesen Bereichen bekannt sind.

3.2 Controlling in der Beschaffung (Einkauf)

Die Beschaffung (Einkauf) hat die Aufgabe, das *Material* (Rohstoffe und Halbfabrikate sowie Hilfs- und Betriebsmittel) in der *richtigen Menge*, in der *richtigen Qualität*, am *richtigen Ort*, zum *richtigen Zeitpunkt* und zu einem *angemessenen Preis* dem Unternehmen zur Verfügung zu stellen. Die Aufgaben in der Übersicht zeigt Abb. 3.2.

E. Hering, *Controlling für Ingenieure*, essentials,
DOI 10.1007/978-3-658-04369-8_3, © Springer Fachmedien Wiesbaden 2014

Tab. 3.1 Werte für Verlust und Umsatz eines Unternehmens (eigene Darstellung)

Monat	Umsatz	Umsatz kum	Kosten	Kosten kum	Gewinn
	Mio. €	Mio. €	Mio. €	Mio. €	Mio. €
Jan	0,4	0,4	0,9	0,9	−0,5
Feb	0,8	1,2	0,8	1,7	0
März	0,9	2,1	0,9	2,6	0
April	1	3,1	0,8	3,4	0,2
Mai	1,1	4,2	0,9	4,3	0,2
Juni	1,2	5,4	1,1	5,4	0,1
Juli	0,4	5,8	0,9	6,3	−0,5
August	0,3	6,1	0,9	7,2	−0,6
September	0,9	7	1	8,2	−0,1
Oktober	1,2	8,2	1,1	9,3	0,1
November	1,2	9,4	1,2	10,5	0
Dezember	1,2	10,6	0,9	11,4	0,3
Summe	10,6		11,4		−0,8

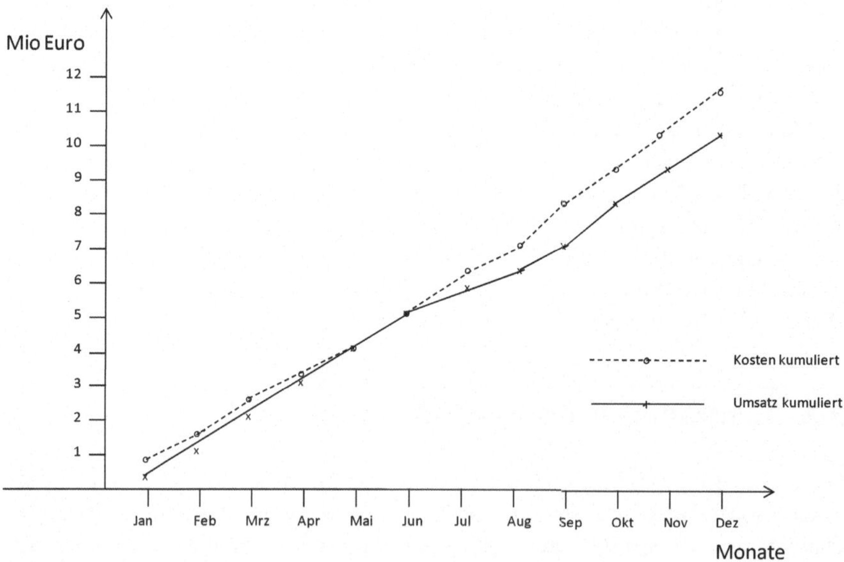

Abb. 3.1 Verlauf von kumuliertem Umsatz und kumulierten Kosten des Unternehmens (eigene Darstellung)

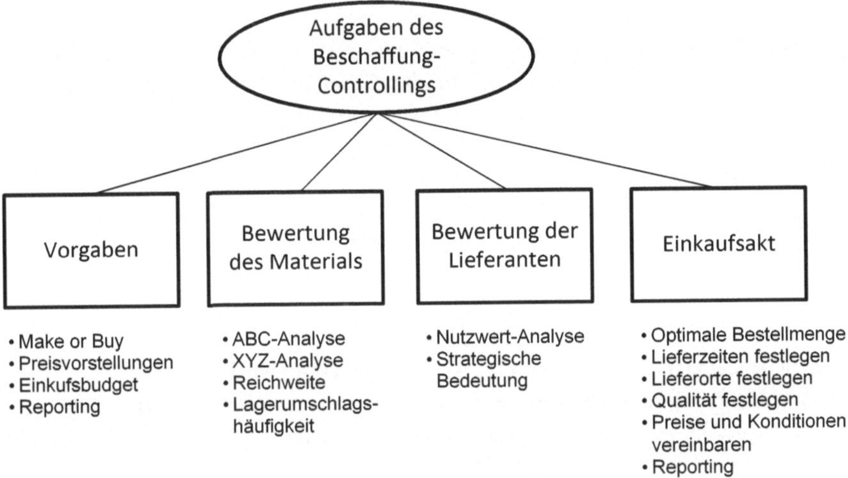

Abb. 3.2 Aufgaben der Beschaffung (eigene Darstellung)

3.2.1 Strategisches Controlling in der Beschaffung (Einkauf)

Die wichtigste Herausforderung ist eine *Materialverknappung* und damit eine drohende *Versorgungslücke*. Mit einer *GAP-Analyse* werden die drohenden Engpässe untersucht. Mit folgenden Maßnahmen können diese Probleme verhindert werden:

- Effizienterer Materialeinsatz,
- Substitution durch neue Materialien und
- Maßnahmen zur langfristigen Lieferantenbindung.

3.2.2 Operatives Controlling in der Beschaffung (Einkauf)

In Abb. 3.2 sind die Aufgaben und die Methoden übersichtlich zusammengestellt. Es werden im Folgenden nur einige wichtige Methoden vorgestellt:

- Bewertung des Materials
  Die *ABC-Analyse* ist eine allgemeine Methode, mit der Wichtiges vom Unwichtigen getrennt werden kann. Es gibt erfahrungsgemäß wenig wichtige A-Teile (20 %) und relativ viele weniger wichtige B-Teile (15 %) und viele unwichtige C-Teile (65 %). In der Beschaffung ist der *Wert* des beschafften Materials von

großer Bedeutung, weil hier Kapital gebunden wird. Man geht davon aus, dass lediglich 20 % der Materialien einen Lagerwert von 80 % aufweisen. Das bedeutet, dass diesen A-Materialien bei der Beschaffung große Aufmerksamkeit geschenkt werden muss. Hier muss das Controlling verstärkt ansetzen und folgendes beobachten:

– Genaue Bestandsführung,
– sorgfältige Festlegung des Sicherheits- und des Meldebestandes,
– genaues Festlegen der Lagerdauer und Bestellmenge und
– intensive Beobachtung der Beschaffungsmärkte und der Preissituation.

Die XYZ-Analyse ergänzt die ABC-Analyse im Hinblick darauf, ob das Material gängig ist (X-Artikel) oder selten (Z-Artikel) eingesetzt wird.

AX-Artikel sind beispielsweise Artikel mit großem Wertanteil, die häufig gebraucht werden. Für diese ist eine Anlieferung „just-in-time" (jit-Lieferung) direkt an den ersten Arbeitsgang zu empfehlen.

- *Bewertung des Lieferanten*
  Neben der strategischen Bedeutung des Lieferanten sind die Lieferanten mit einer Nutzwertanalyse zu bewerten. Dazu werden *Kriterien* aufgestellt, deren *Priorisierung* bewertet (Gewichtung) und Punktzahlen für die Erfüllung der Kriterien gegeben. Der Einzelnutzwert ist dann das Produkt aus der Gewichtung und der Punktzahl. Die Summe aller einzelnen Nutzwerte ist der Gesamtnutzwert. Wird er an einem idealen Nutzwert gemessen, so sieht man, wie weit von der idealen Vorstellung die einzelnen Lieferanten entfernt sind. Tabelle 3.2 zeigt eine solche Nutzwertanalyse. Aus ihr ist zu sehen, dass zwar der Lieferant B die leicht höhere Punktzahl aufweist, aber der Lieferant A wegen der Gewichtung deutlich besser ist.
- *Optimale Bestellmenge*
  Dies ist die Bestellmenge, bei der die Gesamtkosten der Bestellung (variable Kosten und fixe Kosten der Bestellung) am geringsten sind. Sehr häufig wird, zumindest als erster Anhaltspunkt, die *Andlersche Formel* herangezogen:

$$x_{\mathrm{opt}} = \sqrt{\frac{200 * K_B * n}{p * s}},$$

wobei gilt: x_{opt}: optimale Bestellmenge, K_B: Fixkosten je Bestellung; n: Jahresbedarf in Stück; p: Lagerhaltungszinssatz (Lagerzins + Zinsen des im Lager gebundenen Kapitals); s: Stückpreis.

Tab. 3.2 Beispiel einer Nutzwertanalyse (eigene Darstellung)

Kriterien	Prio	Gew.	Lieferant A		Lieferant B		Lieferant C		Idealer Lieferant	
			Pkte	Nutzw.	Pkte	Nutzw.	Pkte	Nutzw.	Pkte	Nutzw.
Preis	5	5	4	20	6	30	7	35	10	50
Zahlungsbedingungen	6	4	4	16	7	28	6	24	10	40
Termintreue	1	9	8	72	3	27	4	36	10	90
Qualität	2	8	7	56	3	24	3	24	10	80
Beratung	3	7	5	35	5	35	4	28	10	70
Service	7	3	3	9	4	12	4	12	10	30
Kulanz	4	6	3	18	7	42	3	18	10	60
Innovationskraft	9	1	4	4	6	6	5	5	10	10
Entfernung	8	2	7	14	5	10	3	6	10	20
Gesamt-Punktzahl			45		46		39		90	
Gesamt-Nutzwert				244		214		188		450
Erfüllungsgrad in %				54,22 %		47,56 %		41,78 %		100,00 %

Tab. 3.3 Kennzahlen für das Beschaffungscontrolling (eigene Darstellung)

Kennzahlen	Ursache der Abweichung	Maßnahmen
Lagerumschlagshäufigkeit LU = (Verbrauch/Jahr)/durchschn. Lagerbestand	zu gering	Erhöhen des Jahresverbrauchs
		Senkung der Lagerbestände durch
		genaue Disposition der A-Teile
		(z. B. just in time-Anlieferung)
Materialreichweite MRW = Durchschn. Lagerbestand/Materialeinsatz	Teilevielfalt	Verringerung der Teilevielfalt durch
		Baukastenbauweise und Standardisierung
Einkaufsvorteil EKV = Veränderung EK-Preis in %/Veränderung VK-Preis in %	Teure Lieferungen	Lieferantenwechsel prüfen
		Eigenfertigung prüfen
		Rabatte und Skonti nutzen
		Preisverhandlungen
	Mindermengenzuschlag	Abrufaufträge

In Tab. 3.3 sind die Kennzahlen bei der Beschaffung, ihre Abweichungsgründe und die Gegensteuerungsmaßnahmen zusammengestellt.

3.3   Controlling der Forschung und Entwicklung

In der Forschung und Entwicklung werden meistens Projekte bearbeitet. Deshalb wird in diesem Bereich das Projekt-Controlling durchgeführt (s. Springer Essential: „Projektmanagement für Ingenieure").

Eine wichtige Methode ist die *Wertanalyse* nach DIN 69910. Sie dient dazu, neue Produkte zu entwickeln und ihre Funktionen und die damit verbundenen Kosten zu budgetieren oder bestehende Produkte auf ihre Potenziale bei der Kosteneinsparung zu untersuchen. Die Wertanalyse ist ein normiertes Vorgehen in folgenden Stufen:

1. *Vorbereitende Maßnahmen* (Auswahl des Objektes, Festlegen der Aufgabe und des Zieles, Zusammenstellung einer Arbeitsgruppe und Erstellen eines Ablaufplanes).
2. *Ermitteln des IST-Zustandes* (Informationsbeschaffung, Wettbewerbsanalyse, Pflichtenheft, Funktionsanalyse mit Beschreibung der Funktionskosten).

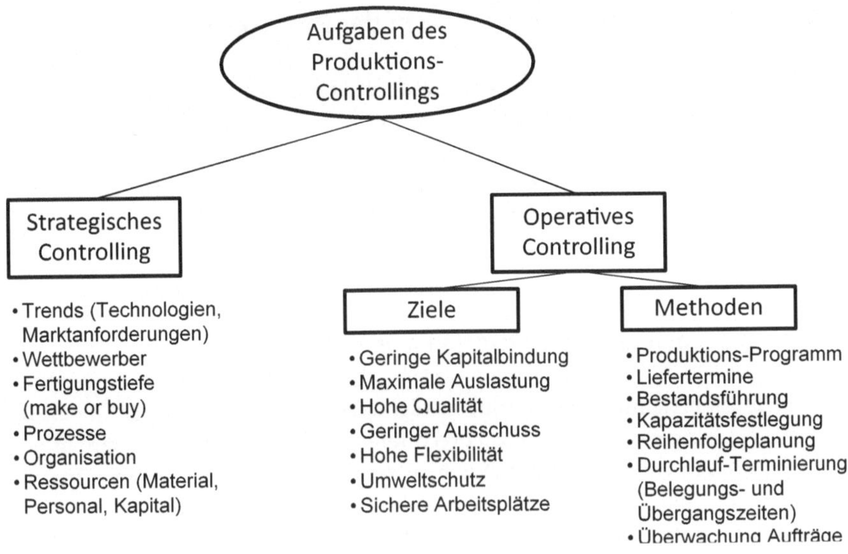

Abb. 3.3 Aufgaben des Produktionscontrollings (eigene Darstellung)

3. *Prüfen des IST-Zustandes* (Erfüllung der geforderten Funktionen, Festlegung der Kosten).
4. *Ermitteln von Lösungen* (Anwenden von Kreativitätstechniken wie. Brainstorming, Brainwriting, Bionik, Morphologischer Kasten u. a.).
5. *Prüfung der Lösungen* (Technische Machbarkeit und Wirtschaftlichkeit).
6. *Vorschlag und Verwirklichung der Lösung* (Lösungsauswahl, Verwirklichung).

Wichtige Kennzahlen sind:

- Umsatz, Deckungsbeitrag und Gewinn mit neuen Produkten der letzten 3 Jahre.
- Anzahl der neuen marktfähigen Produkte in den letzten 3 Jahren (Neuentwicklungsquote).

3.4 Controlling in der Produktion

Eine Übersicht über die Aufgaben des Produktionscontrollings zeigt Abb. 3.3.

3.4.1 Strategisches Controlling in der Produktion

Das strategische Controlling hat die Aufgabe, die übergeordneten Ziele festzulegen. Ausgehend von den zukünftigen Entwicklungen in den Märkten (Kundenanforderungen) und den neuen Technologien im Fertigungsbereich sowie der Wettbewerbssituation kann die Fertigungstiefe (make or buy), die Prozesse, die Organisation und die Kapazitäten der Ressourcen (Material, Kapitel, Personal) festgelegt werden.

3.4.2 Operatives Controlling in der Produktion

Die wichtigsten Kennzahlen für eine erfolgreiche Produktion sind vor allem die Kosten (s. Springer-Essential „Kostenrechnung für Ingenieure"). Sie werden vor allem von den Beständen und den Durchlaufzeiten bestimmt. Ein wichtiges Instrument des Controllings ist das Fortschrittszahl-Zeit-Diagramm (Abb. 3.4).

Bestände binden Kapitel und Personal. Deshalb ist es notwendig, die *Durchlaufzeit* eines Produktes zu verringern. Abbildung 3.4 zeigt in der waagrechten Achse die Zeit auf und in der senkrechten Achse die *Fortschrittszahl FZ*. Jede Stufe stellt einen Materialzugang dar. Die *senkrechten* Abstände zwischen zwei Linien zeigen die *Bestände* und die *waagrechten* Linien die *Durchlaufzeiten* durch die Fertigung dar. Die durchgezogene Linie stellt den Sollverlauf dar und die gestrichelte den Ist-Verlauf. Wenn auch, wie Abb. 3.4 zeigt, die Durchlaufzeit konstant geblieben ist, so sind doch während dieser Zeit die Bestände angewachsen. Diese gilt es zu senken, beispielsweise durch just-in-time-Anlieferung durch den Lieferanten oder durch eine straffe Lagerbestandsführung. Auch die *Durchlaufzeiten* können *verringert* werden. Sie bestehen aus zwei Bestandteilen:

- *Bearbeitungszeiten*: Sie stellen zwar die *Wertschöpfung* dar, können aber auch durch folgende Maßnehmen verkürzt werden:
  - *Splitten* der Arbeitsgänge (Zerlegung des Auftrags in Teile, die getrennt (parallel) bearbeitet werden können oder
  - *Überlappen* der Arbeitsgänge (vor Ende eines Arbeitsganges wird ein anderer Arbeitsgang begonnen).
- *Zeiten*, die nicht zur Wertschöpfung beitragen. Die Anteile, die *Verschwendung* darstellen, müssen vermieden werden. Dies betrifft folgende Zeiten:
  - *Liegezeiten* (Zeit, in denen die Teile vor dem Bearbeitungsgang liegen),
  - *Rüstzeiten* (Zeit zur Einstellung der Maschinen) und
  - *Transportzeiten* (Zeit für den Transport der Teile).

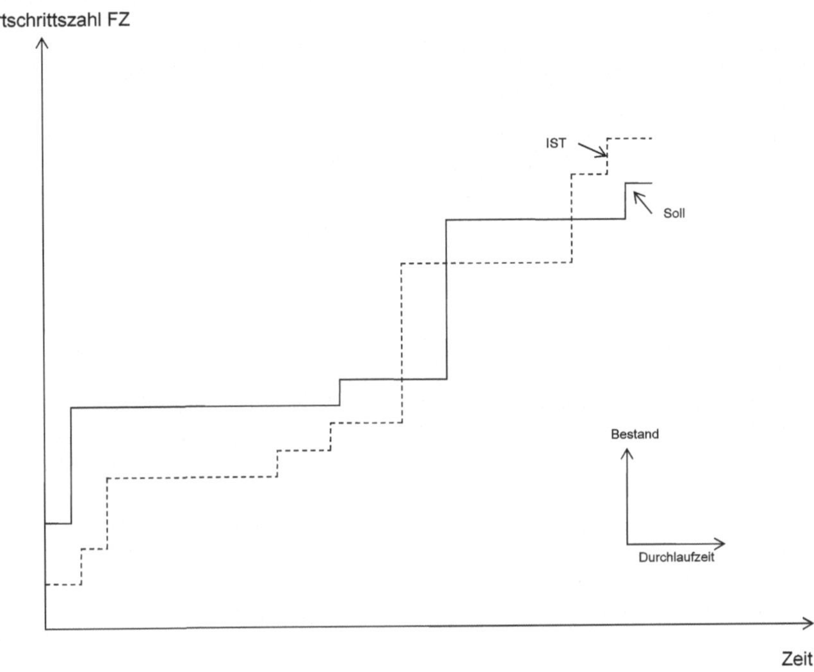

Abb. 3.4 Fortschrittszahl FZ als Funktion der Zeit (eigene Darstellung)

In Tab. 3.4 sind einige wichtige Kennzahlen für die Produktion und Gegensteuerungsmaßnahmen zusammengestellt.

3.5 Controlling im Marketing und Vertrieb

3.5.1 Strategisches Controlling im Marketing und Vertrieb

Beim strategischen Controlling des Marketings und des Vertriebes geht es darum, dass das Unternehmen mit ertragreichen Produkten dauerhaft im Markt bestehen kann. Dazu müssen folgende Informationen vorliegen (s. Springer Essential „Marketingkonzeptionen für Ingenieure):

Tab. 3.4 Kennzahlen für das Produktionscontrolling (eigene Darstellung)

Kennzahlen	Maßnahmen bei negativer Abweichung
Kosten der Fertigung (in Euro) = Fertigungskosten pro Stunde*Fertigungsstunden	Senken der Fertigungskosten/Stunde Schnellere Fertigung
Kapazitätsauslastung = (Ist-Fertigungstunden)/(Soll-Fertigungsstunden)	Senkung der Soll-Fertigungsstunden
Gemeinkosten-Lohnquote = Gemeinkostenlöhne/Fertigungslöhne	Senkung der Fertigungsgemeinkosten
Nacharbeits-Quote = Nacharbeitsstunden/Fertigungsstunden	Verringerung der Nacharbeit
Ausschuss-Quote = Stückzahl Ausschuss/Gesamtstückzahl	Verringerung Stückzahl Ausschuss
Stillstands-Quote = Stillstandszeit/Gesamt-Bearbeitungszeit	Verringerung der Stillstandszeit
Bearbeitungszeit-Quote = Bearbeitungszeit/Durchlaufzeit	Verringerung der Bearbeitungszeit
Rüstzeit-Quote = Rüstzeit/Durchlaufzeit	Verringerung der Rüstzeit
Transportzeit-Quote = Transportzeit/Durchlaufzeit	Verringerung der Transportzeit
Liegezeit-Quote = Liegezeit/Durchlaufzeit	Verringerung der Liegezeit

- *Wettbewerbs-Analyse* (s. auch: Springer Essential: „Wettbewerbsanalyse für Ingenieure, Abb. 7.1"): Positionierung des Unternehmens relativ zu den Wettbewerbern.
- *Unternehmens-Analyse* und *Potenzialanalyse*: Stärken und Schwächen des Unternehmens und das daraus sich ergebende Marktpotenzial.
- *Portfolio-Analyse* (s. auch: Springer Essential: „Marketingkonzeptionen für Ingenieure, Abb. 3.7 und 3.8") und *Produktlebenszyklus-Analyse*: Einordnen von Produkten bzw. Produktgruppen in rentable oder unrentable sowie in zukunftsträchtige oder antiquierte.
- *GAP-Analyse*: Feststellen der Lücken, in denen das Unternehmen noch tätig werden könnte.

3.5.2 Operatives Controlling im Marketing und Vertrieb

Mit den operativen Methoden werden alle Vorgaben im Marketing-Mix einer Kontrolle unterzogen. Im Marketing-Mix sind folgende neun Bereiche enthalten (s. Springer Essential „Marketingkonzeptionen für Ingenieure", Abb. 4.2):

1. Produkt-Mix,
2. Konditionen-Mix,
3. Distributions-Mix,
4. Kommunikations-Mix,
5. Kontrahierungs-Mix,
6. Mitarbeiter,
7. Prozesse,
8. Gebäude und Anlagen sowie
9. Kooperationen.

Eine aussagefähige Beurteilung der Produkte, Produktgruppen oder Sparten ist die grafische Darstellung einer *Deckungsbeitrags-Analyse* (s. Springer Essential „Marketingkonzeptionen für Ingenieure", Abb. 3.10). Aus ihr ist ersichtlich, welche Produkte die geforderten Deckungsbeiträge (Soll-Deckungsbeiträge) liefern und somit zum Erfolg des Unternehmens beitragen und welche nicht.

Als operative Methode für ein Vertriebscontrolling sind die geplanten Auftragseingänge (Soll-Umsätze) den Ist-Auftragseingängen gegenüberzustellen. Als Beispiel dient ein Systemhaus für IT mit seinen Sparten (Abb. 3.5a).

Die grauen Bereiche in Abb. 3.5 zeigen die Planvorgaben (Soll-Werte) und die weißen Bereiche die tatsächlich erzielten Ist-Werte (Abb. 3.5a). In Abb. 3.5b) stellt der weiße Bereich eine *abgewertete Prognose* dar (Schätzungen werden mit einer Wahrscheinlichkeit des Eintreffens der Aufträge abgewertet); der schwarze Bereich ist der Soll-Auftragseingang zu sehen. Abbildung 3.5c stellt die Prognosen und ihre Abwertungen als Balkendiagramm dar. Die Größe der Aufträge ist als Kreisdiagramm in Abb. 3.5d zu sehen. Die Einschätzung für einen wirklichen Auftrag (Abschluss-Einschätzung) zeigt Abb. 3.5e. Daran ist beispielsweise erkennbar, dass über 2/3 aller Aufträge mit einer Wahrscheinlichkeit von unter 30 % sehr unsicher sind. Das bedeutet im vorliegenden Fall, dass die Vertriebsmitarbeiter aktiv werden müssen, um diese Aufträge zu sichern.

3.6 Controlling im Personalwesen

Das Personalcontrolling stellt sicher, dass für die Aufgaben des Unternehmens sowohl von der *Kapazität*, als auch von der *Qualifikation* die entsprechenden Mitarbeiter bereitstehen. Anhand von *Zielvereinbarungen* können die Aufgaben zusammen mit den betroffenen Mitarbeitern definiert werden und in Zeitabständen auf die *Zielerreichung* überprüft werden. Die Bereiche des Personalcontrollings zeigt Abb. 3.6 (s. Springer Essential „Personalmanagement für Ingenieure").

Im Folgenden werden einige wichtige Controlling-Werkzeuge vorgestellt:

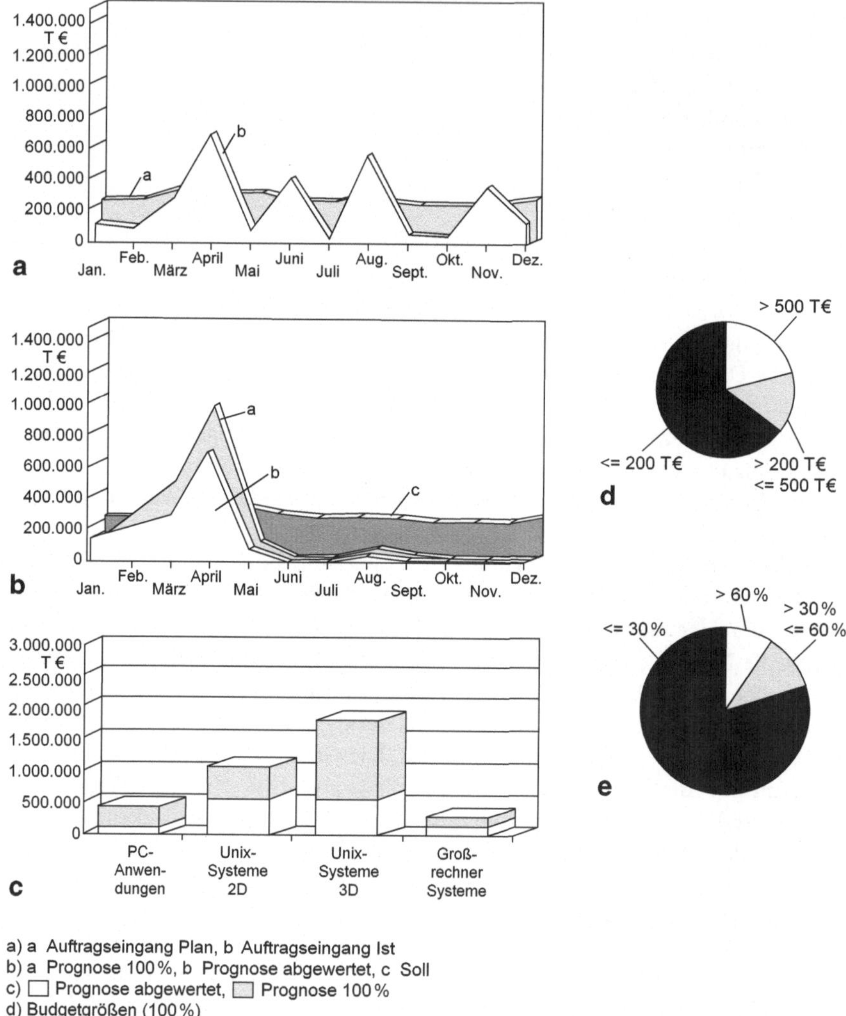

a) a Auftragseingang Plan, b Auftragseingang Ist
b) a Prognose 100 %, b Prognose abgewertet, c Soll
c) ☐ Prognose abgewertet, ☐ Prognose 100 %
d) Budgetgrößen (100 %)
e) Abschlusseinschätzung

Abb. 3.5 Operatives Controlling im Vertrieb. (Quelle: Hering, E., Draeger, W.: Handbuch Betriebswirtschaft für Ingenieure, 3. Aufl. 2000)

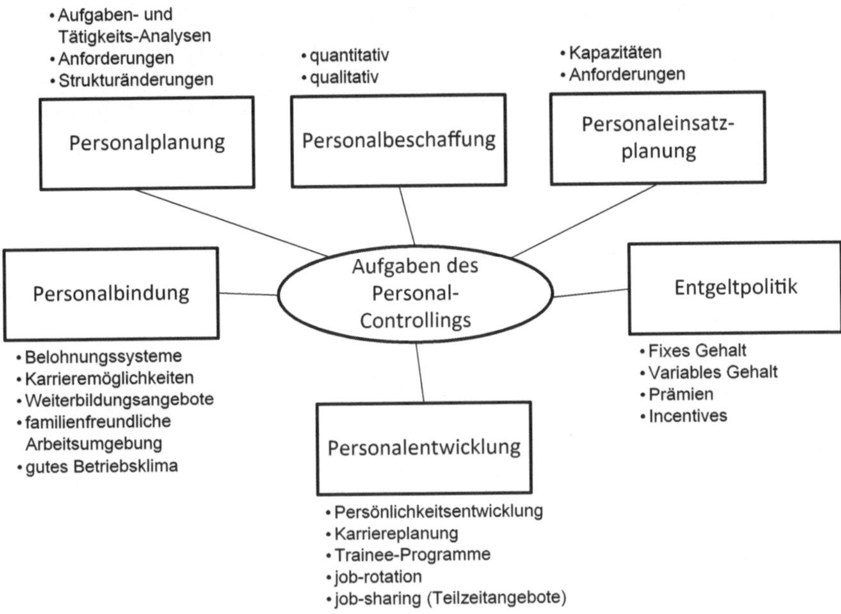

Abb. 3.6 Aufgaben des Personalcontrollings (eigene Darstellung)

3.6.1 Anforderungsprofile

Vor allem für Neueinstellungen hat es sich bewährt, Soll-Profile vorzugeben und die Bewerber an Hand der Ist-Profile auf ihre Eignung hin zu bewerten. Abbildung 3.7 zeigt ein Beispiel für die Stelle eines IT-Beraters.

Wie dieses Profil zeigt, liegen beim betrachteten Bewerber Defizite in folgenden Bereichen vor: Organisationsfähigkeit, Selbständigkeit, Kontaktfähigkeit, Kreativität, Motivation, Ausbildungsgrad, systematisches und analytisches Denkvermögen.

Die unterschiedlichen Kriterien können auch definiert und gewichtet werden (Tab. 3.5). Je nach Erfüllungsgrad der Kriterien werden den Bewerbern entsprechende Punkte vergeben. Die Auswertung erfolgt nach dem Prinzip der Nutzwertanalyse (s. Abschn. 3.2, Tab. 3.2).

Tab. 3.5 Beurteilung von Bewerbern (eigene Darstellung)

Kriterien	Prio	Gew.	Mitarbeiter A		Mitarbeiter B		Mitarbeitzer C		Idealer Mitarbeiter	
			Pkte	Nutzw.	Pkte	Nutzw.	Pkte	Nutzw.	Pkte	Nutzw.
Fachkompetenz										
Fachkenntnisse										
Arbeitseffizienz										
Sorgfalt										
Qualität										
Eigeninitiative										
Methodische Kompetenz										
Systematisches Vorgehen										
Problemlösefähigkeit										
Transferfähigkeit										
Flexibilität										
Kreativität										
Soziale Kompetenz										
Teamfähigkeit										
Ehrlichkeit										
Loyalität										
Hilfsbereitschaft										
Kommunikationsfähigkeit										
Mitwirkungs-Kompetenz										
Führungsfähigkeit										
Entscheidungsfähigkeit										
Koordinationsfähigkeit										
Organsaitionsfähigkeit										
Überzeugungsfähigkeit										

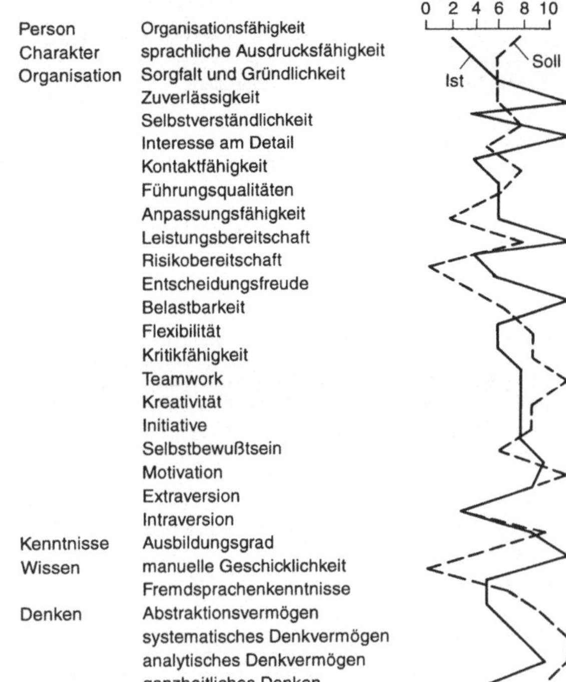

Abb. 3.7 Anforderungsprofil für einen IT-Berater. (Quelle: Hering, E., Draeger, W.: Handbuch Betriebswirtschaft für Ingenieure, 3. Aufl. 2000)

3.6.2 Bewertungen

Mitarbeiter sollten regelmäßig beurteilt werden, um eine leistungsgerechte Entlohnung festzulegen und auch den Mitarbeitern zu zeigen, dass man ihre Arbeit wertschätzt. Dies ist auch mit der Tab. 3.5 vorgestellten Nutzwertanalyse möglich. In Abb. 3.8 ist als Beispiel ein Beurteilungsbogen dargestellt.

Nach den Personalien und der Stellenbeschreibung folgt die Bewertung in einer Punkteskala von 140 bis 40. Die Punktzahl 100 bedeutet befriedigende bis mittelmäßige Leistung. Im Beurteilungsbogen wird noch getrennt zwischen

- Mitarbeiter ohne Führungsverantwortung und
- Mitarbeiter mit Führungsverantwortung.

Beurteilungsbogen

Name, Vorname	Geburtsjahr	Eintrittsjahr	Personal-Nummer
Häberle, Hans	1969	1989	1989

Abteilung/Filiale/Zweigstelle	Niederl./Kostenst.-Nr.	Funktionsbezeichnung	Stellen-Nummer
Berater			

Anlaß der Beurteilung

[X] regelmäßige Beurteilung   [ ] sonstiger Anlaß   [ ] Austritt

[ ] Ende der Probezeit: Befürworten Sie die Weiterbeschäftigung [X] Ja [ ] Nein

Einsatz am derzeitigen Arbeitsplatz von/bis:______1989 bis auf weiteres

Tätigkeitsbeschreibung in Stichworten
(entfällt bei bestehender Stellenbeschreibung, bitte dann nur "siehe Stb" angeben):

siehe Stellenbeschreibung

____

____

Haben sich die Anforderungen der Stelle seit der letzten Beurteilung in wesentlichen Punkten geändert ?

Grund der Änderung   [X] Nein [ ] Ja

Beurteilungsmaßstab

überragt weit die Anforderungen der Stelle	übertrifft deutlich die Anforderungen der Stelle	übertrifft die Anforderungen der Stelle	erfüllt die Anforderungen der Stelle	erfüllt im allgemeinen die Anforderungen der Stelle	erfüllt mit Einschränkungen die Anforderungen der Stelle	erfüllt nicht die Anforderungen der Stelle
140	130	120	110 100 90	80	70	60

Punkte gemäß Beurteilungsmaßstab

für Mitarbeiter ohne Führungsverantwortung   zusätzlich **für Mitarbeiter mit Führungsverantwortung**

Arbeitsergebnis		**Führungsverhalten**	
Arbeitsqualität	80	Planung und Koordination	
Arbeitsquantität	100	Entscheidungsverhalten	
Arbeitsverhalten		Information und Kommunikation	
Zusammenarbeit	110	Delegation	
Arbeitsplanung	80	Kontrolle	
Arbeitseinsatz	120	Motivation	
Selbständigkeit:	100	Entwicklung und Förderung	
Übernahme von Verantwortung	80		

Abb. 3.8 Beurteilungsbogen. (Quelle: Hering, E., Draeger, W.: Handbuch Betriebswirtschaft für Ingenieure, 3. Aufl. 2000)

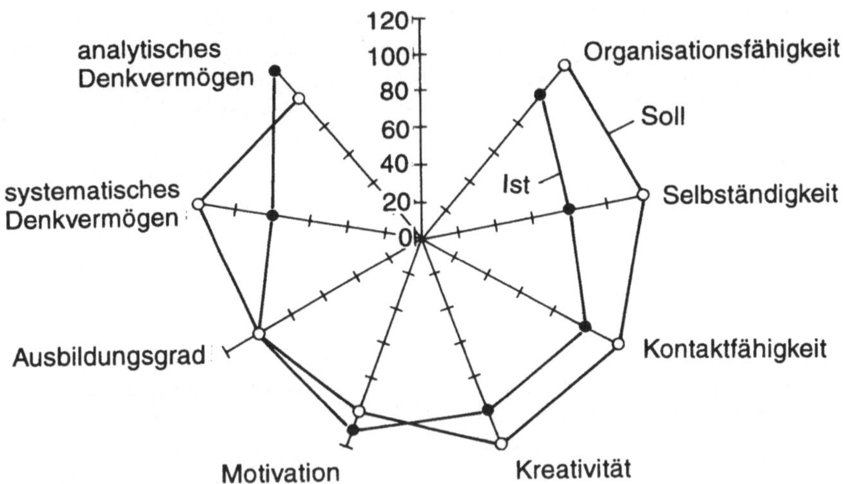

Abb. 3.9 Bewertungsspinne für einen Mitarbeiter. (Quelle: Hering, E., Draeger, W.: Handbuch Betriebswirtschaft für Ingenieure, 3. Aufl. 2000)

Die oben bewerteten Kriterien lassen sich grafisch besonders aussagefähig als *Bewertungs-Spinne* darstellen. Die Beurteilung wird mit Schulnoten oder Punkten vorgenommen, wobei gilt:

- sehr gut (1:140 Punkte);
- gut (2:120 Punkte);
- befriedigend (3:100 Punkte);
- könnte besser sein (4:80 Punkte);
- mangelhaft (5:60 Punkte).

Die Auswertung erfolgt in Abb. 3.9. Die Ist-Werte sind als schwarze Punkte und die Soll-Werte als weiße Punkte dargestellt. Die in Abb. 3.7 erwähnten Defizite werden deutlich erkennbar. Diese Analysen dienen als Grundlage für die Personalgespräche und für Maßnahmen der Aus- und Weiterbildung.

3.6.3 Kennzahlen

Wichtige Kennzahlen für das Personalcontrolling zeigt Tab. 3.6.

Tab. 3.6 Kennzahlen für das Personalcontrolling (eigene Darstellung)

Kennzahlen	Ursache der Abweichung	Maßnahmen
Personalauslastung = (Ist-Personal)/ (Soll-Personal)	Personalmangel	Nachwunhsförderung
		Eigene Ausbildung
	Überkapazitäten	Versetzungen, Freisetzungen
	Fluktuation	Neueinstellungen, Personalbindung
Fluktuationsrate = (Anzahl Abgänge)/Anzahl Mitarbeiter	Unzufriedenheit	Karrierechancen, Weiterbildung
		Betriebsklima verbessern
	Falsches Führungsverhalten	Führungsstile prüfen
	Altersgrenze, Mutterschutz	Flexible Arbeitszeiten
Krankenstand = Krankheitstage/Arbeitstage in %	Überbelastung	Belastung erträglicher gestalten
	Unzufriedenheit	Betriebsklima verbessern
	Mangelnde Arbeitsmoral	Trennung von Mitarbeitern
Überstunden-Quote = (Anzahl Überstunden)/ (Soll-Arbeitszeit)	Auftragslage	Flexible Arbeitszeitmodelle
	Personalmangel	Entlohnungsanreize, Einstellen von Personal
	Mangelnde Organisation	Besserer Arbeitsausgleich
Quote der Teilzeitbeschäftigten = Teilzeitmitarbeiter/ Vollzeitmitarbeiter	Hoher Anteil	Flexible Arbeitszeitmodelle
		Festeinstellungen nach Auftragslage
	Geringer Anteil	Schaffen von Teilzeitarbeitsplätzen

3.7 Controlling bei Investitionen

In diesem Abschnitt werden die Investitionen in Anlagen und Maschinen betrachtet. In Abb. 3.10 sind die Aufgaben des Investitions-Controllings zusammengestellt.

3.7.1 Strategisches Controlling bei Investitionen

Beim strategischen Investitions-Controlling werden *neue Investitionen* oder *Desinvestitionen* getätigt, die mit der kurz-, mittel- und langfristigen finanziellen Geschäftsplanung abgestimmt sein müssen. Um dies zu beurteilen, werden folgende Methoden angewandt:

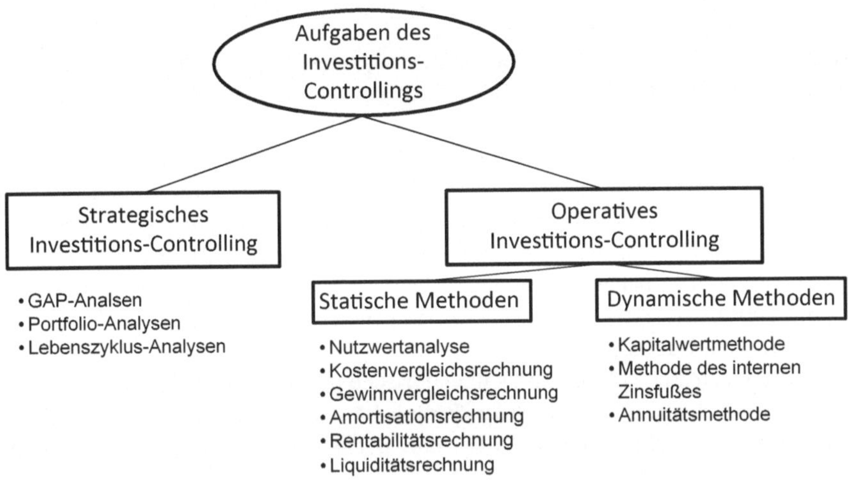

Abb. 3.10 Aufgaben des Investitions-Controllings (eigene Darstellung)

- *GAP-Analyse*: Bestehende und zukünftige Anforderungen an die Maschinen und Anlagen, um kundenorientiert und wirtschaftlich fertigen zu können.
- *Portfolio-Technik*: Einteilung der Produkte in gewinnbringende und verlustreiche sowie Produkte mit hoher und geringer Rentabilität in Marktwachstums-Marktanteils-Portfolios oder Marktattraktivitäts-Produktstärken-Portfolios (s. Springer Essential „Marketing-Konzeptionen für Ingenieure", Abschn. 3.4.3, Abb. 3.7 und Abb. 3.8 und Springer Essential „Wettbewerbsanalyse für Ingenieure", Abb. 8.2).
- *Lebenszyklus-Analysen:* Mit dieser Methode kann festgestellt werden, in welcher Phase ihres Lebenszyklus die einzelnen Produkte sind, d. h., ob es sich um neue Produkte in der Anlaufphase, um Produkte in der Wachstumsphase oder in der Marktsättigungsphase sind oder ob es sich um Produkte handelt, die veraltet sind.

3.7.2 Operatives Controlling bei Investitionen

Ziel des operativen Investitions-Controllings ist in den meisten Fällen, verschiedene Alternativen von Investitionen zu bewerten. Dies erfolgt, wie Abb. 3.10 zeigt, durch *statische* und *dynamische* Verfahren.

3.7.2.1 Statische Verfahren

Bei diesen Verfahren werden keine Verzinsungen des eingesetzten Kapitals durchgeführt. Zu den statischen Methoden gehören:

- *Nutzwertanalyse* (s. Abschn. 3.2.2, Tab. 3.2 und Abschn. 3.5.1, Tab. 3.5).
- *Kostenvergleichsrechnung:* Die Kosten der verschiedenen Investitionen werden in einer Periode und bei gleichen Fertigungskapazitäten verglichen. Die optimale Alternative weist die geringsten Kosten auf. Die Lebensdauer der einzelnen Maschine muss bekannt sein, damit die Anschaffungskosten zeitgerecht zugeordnet werden können. Folgende Kosten gehen in die Rechnung ein:
  - Anschaffungskosten,
  - Kapitalkosten (Zinsen und kalkulatorische Abschreibungen),
  - Betriebskosten (fixe Kosten: Personal- und Rüstkosten; variable Kosten: Kosten für Material, Hilfs- und Betriebsstoffe, Energie-, Strom- und Wasserkosten).
- *Gewinnvergleichsrechnung:* Werden außer den Kosten die Umsätze in den Zeitabschnitten oder die erzielbaren Marktpreise pro Stück berücksichtigt, dann kann man die Gewinne der verschiedenen Investitions-Alternativen vergleichen. Die Alternative mit dem höchsten Gewinn ist die günstigste und im Regelfall auszuwählen.
- *Amortisationsrechnung:* Die Vorteile von Investitionen werden nach ihrer *Amortisationsdauer* gemessen. Darunter versteht man die Zeit, in der das Kapital für die Investition wieder in die Unternehmung zurückgeflossen ist. Die Amortisationsdauer ist damit eine Kennzahl für das *Risiko* und es gilt:

„Je kürzer die Amortisationszeit, desto geringer ist das Risiko."

Die Amortisationsdauer wird nach folgender Formel berechnet:

$$Amortisationsdauer = \frac{Kapitaleinsatz - Restwert}{durchschnittlicher\ R\ddot{u}ckfluss}.$$

Der durchschnittliche Rückfluss ist die Differenz aus Umsatz und Kosten zuzüglich den Abschreibungen:

$$durchschnittlicher\ R\ddot{u}ckfluss = Umsatz - Kosten + Abschreibungen$$

Die Abschreibungen müssen hinzugezählt werden, weil mit ihnen bereits ein Teil des Kapitals angespart wird, das zur Erneuerung der Anlage dient. Es muss darauf hingewiesen werden, dass die Abschreibungen von Unternehmen häufig nicht nur gezielt für Investitionen zufließen, sondern auch zu anderen Zwecken verwendet werden.

Zur Beurteilung von Investitionen wird häufig die Amortisationsrechnung zusätzlich zu einem dynamischen Verfahren eingesetzt.

- Rentabilitätsrechnung
  Werden die Überschüsse nicht absolut errechnet, sondern im Verhältnis zum durchschnittlich eingesetzten Kapital betrachtet, dann ergeben sich Rentabilitätsbetrachtungen. Die *Gesamtkapital-Rentabilität* (Rendite oder *ROI*: Return on Investment) ist folgendermaßen definiert:

$$Rentabilität = \frac{Gewinn}{eingesetztes\ Kapital} * 100.$$

Die Zusammensetzung der Kennzahl ROI ist in Abschn. 3.8, Abb. 3.13 dargestellt.

Im Falle der Investitionsrechnung ist das eingesetzte Kapital gleich den Kosten für den Kauf des Investitionsgutes. Die Rentabilität kann auch folgendermaßen berechnet werden:

$$Rentabilität = \frac{Gewinn}{Umsatz} * \frac{Umsatz}{eingesetztes\ Kapital}.$$

Dabei ist der Ausdruck: Gewinn/Umsatz die *Umsatz-Rentabilität* und der Term: Umsatz/eingesetztes Kapitel ist die *Umschlagshäufigkeit* (prozentualer Anteil des Rückflusses des eingesetzten Kapitals: eine Umschlagshäufigkeit von 0,48 bedeutet, dass nur 48 % der Investitionskosten zurückgeflossen sind).

Für Rationalisierungsinvestitionen wendet man eine vereinfachte Rechnung an. Die Einsparungen an variablen Kosten durch eine neue Maschine sind die Gewinne. Sie werden auf die Kosten der Investition bezogen, so dass sich die Rentabilität wie folgt errechnet:

$$Rentabilität = \frac{variable\ Kosten\ alt - variable\ Kosten_{neu}}{Kosten\ der\ Investition}.$$

3.7.2.2 Dynamische Verfahren

Ausgegangen wird von *schwankenden* Einnahmen (e) und Ausgaben (a) aus. Die Differenz von Einnahmen und Ausgaben (e-a) ist der *Rückfluss*. Dieser wird zeitgenau verzinst. Es wird durch *Abzinsung* entweder der *Gegenwartswert* (*Barwert* oder *Kapitalwert*) errechnet oder durch *Aufzinsung* der *Zukunftswert* (*Endwert*). Die *Annuität* errechnet die *jährlich gleichbleibenden Zahlungen*, die den Zins und die Tilgung beinhalten.

- *Kapitalwertmethode*

  Durch eine Investition werden *Einzahlungen* und *Auszahlungen* verursacht (*Zahlungsströme*), die zu *unterschiedlichen Zeitpunkten* anfallen. Zu diesem Zweck werden für die Rückflüsse in den verschiedenen Zeitabständen ihre Barwerte errechnet. Die Summe aller dieser Barwerte ist der *Kapitalwert*. In die Ausgaben gehen die gesamten Betriebsausgaben für die Investition ein, also außer den Kaufzahlungen und Einbaukosten für das Investitionsobjekt beispielsweise auch die Materialkosten und die Löhne für Instandhaltung und Reparaturen. In den Einnahmen wird auch der voraussichtliche Verkaufserlös berücksichtigt. Der Kapitalwert nimmt mit steigenden Zinssätzen ab und mit fallenden Zinssätzen zu. Es gelten folgende Aussagen:
  - Kapitalwert ist *positiv*: Investition ist vorteilhaft. Sie erwirtschaftet nicht nur die Kosten der Gesamtinvestition (einschließlich der Zinsen), sondern auch noch einen *Investitionsgewinn*.
  - Kapitalwert ist *Null*: Die Investition erwirtschaftet gerade ihre Gesamtkosten.
  - Kapitalwert ist *negativ*: Die Investition ist nicht vorteilhaft. Sie erwirtschaftet nicht die Gesamtkosten der Investition.
- *Interner Zinsfuß*

  Der *interne Zinsfuß* ist der Zinssatz, mit dem die *Kapitalströme* (Einzahlungs- und Auszahlungsreihen) eines Investitionsobjektes verzinst werden. Er entspricht damit der *Effektivrendite* der Investition vor Abzug der Zinszahlungen. Der interne Zinsfuß errechnet sich aus dem Zinssatz für den *Kapitalwert* K_0 *gleich null*.

  Ein Investitionsobjekt ist dann *vorteilhaft*, wenn der *interne Zinsfuß größer* oder zumindest gleich groß ist wie der *kalkulatorische Zins* (z. B. der Zinssatz für langfristig angelegtes Kapital). Alternative Investitionen sind umso vorteilhafter, je größer der interne Zinsfuß ist. Berechnet wird der interne Zinsfuß mit finanzmathematischen Methoden für die Bedingung $K_0 = 0$.
- *Methode der Annuität*

  In der Annuitätenmethode werden die *regelmäßigen Jahreszahlungen* (Annuitäten) des Investitionsobjektes berechnet. Die Annuitäten sind also die über die Zinseszinsrechnung auf einen konstanten Wert gebrachten jährlichen Zahlungsdifferenzen aus Ein- und Auszahlungen für die Dauer der Investition. Von mehreren Investitionsobjekten ist das am *vorteilhaftesten*, das den *größten positiven jährlichen Rückfluss* (Annuität) besitzt.

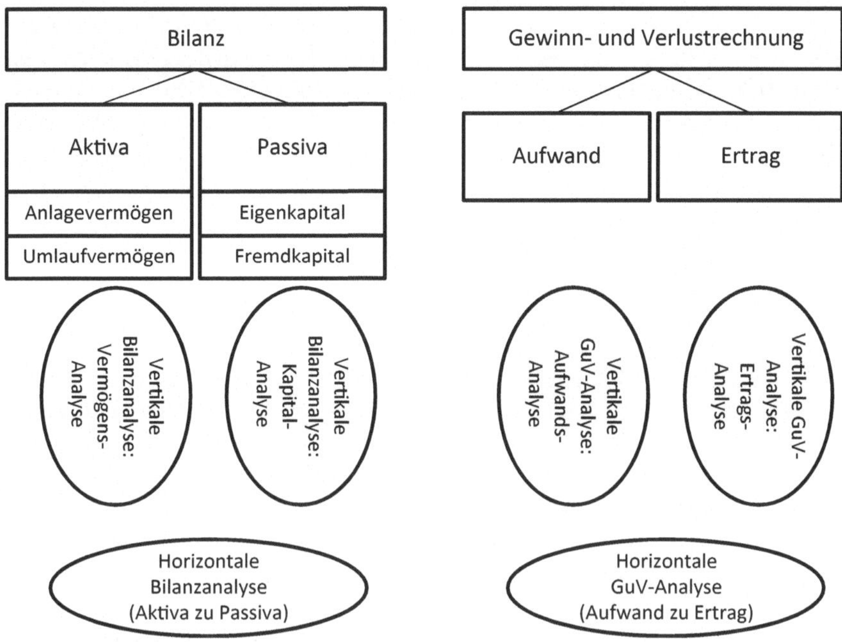

Abb. 3.11 Strukturen von Bilanz und GuV (eigene Darstellung)

- *Spezielle Verfahren*
  Die enge Verflechtung von *Investitionen*, *Absatzchancen* und *Finanzen* erfordert manchmal sehr umfangreiche Zusatzrechnungen. In ihnen werden vor allem *Risikoeinschätzungen* vorgenommen und die *kritischen Parameter* (z. B. neue Technologien, Umweltverordnungen oder Wandel der Kundenbedürfnisse) bestimmt, die den Erfolg der Investition maßgeblich beeinflussen. Werden in einer *Sensitivitätsanalyse* diese Parameter systematisch verändert, dann sieht man die Auswirkungen der Investition im besten und im schlechtesten Falle. In diesem Falle sind nicht mehr genaue Zahlen entscheidend, sondern es werden *Spielräume* erkennbar, innerhalb derer sich der Erfolg der Investition bewegen wird.

3.8 Controlling mit Kennzahlen aus der Bilanz und der Gewinn- und Verlustrechnung (GuV)

In Abb. 3.11 sind die Struktur der Bilanz und der Gewinn- und Verlustrechnung sowie die daraus zu bestimmenden Kennzahlen zu sehen.

Man unterscheidet zwischen *horizontaler* Analyse (Verhältnisse zwischen den einzelnen Bereichen, z. B. zwischen Vermögen und Kapital in der Bilanz oder zwischen Aufwand und Ertrag in der GuV) und *vertikaler* Analyse (Verhältnisse innerhalb der Bereiche (z. B. die Zusammensetzung der Vermögens- und Kapitalseite in der Bilanz oder der Aufwands- und Ertragsseite in der GuV. Aus Bilanz und GuV werden Kennzahlen gebildet, mit denen die in Abb. 3.12 dargestellten Analysen durchgeführt werden können.

Ein *erfolgreiches* Unternehmen hält folgende *Finanzierungsgrundsätze* ein, die sich gut für ein Finanz-Controlling eignen:

- *Kapitalbedarf gleich Kapitalverwendung*
  Es sollte nur so viel Kapital aufgenommen werden, wie auch verwendet wird.
- *Fristengleichheit* von Kapitalverwendung und Kapitalbeschaffung (goldene Bilanzregel).
  Langfristig gebundenes Anlagevermögen sollte durch langfristiges Kapital (z. B. Eigenkapital) und kurzfristiges Umlaufvermögen durch kurzfristiges Fremdkapital finanziert werden. Dies wird durch die Kennzahlen der horizontalen Bilanzanalyse errechnet (Abb. 3.11).
- *Two-to-One-Rule* (Bankers rule)
  Der Wert des Umlaufvermögens sollte doppelt so hoch sein wie das kurzfristige Fremdkapital.
- *One-to-One-Rule*
  Barbestände sollten mindestens gleich groß sein wie das kurzfristige Fremdkapital (vertikale Bilanzanalyse s. Abb. 3.11).

Abbildung 3.12 zeigt, welche Kennzahlen für folgende Bereiche ermittelt werden:

- *Vermögensaufbau*
  Es werden die Vermögensanteile an Hand der Zahlen der Aktivseite der Bilanz untersucht (*vertikale Bilanzanalyse der Aktiva*).
- *Kapitalstruktur*
  Das Kapital besteht aus Eigen- und Fremdkapital. Die Höhe des Eigenkapitals ist besonders wichtig, weil es dem Unternehmen langfristig und unabhängig von den Geldgebern zur Verfügung steht. Das Fremdkapital stammt von fremden Geldgebern und ist in der Regel nur zeitlich begrenzt im Unternehmen. Die Kapitalanteile werden mit den Daten der Passivseite der Bilanz ermittelt (*vertikale Bilanzanalyse der Passiva*).

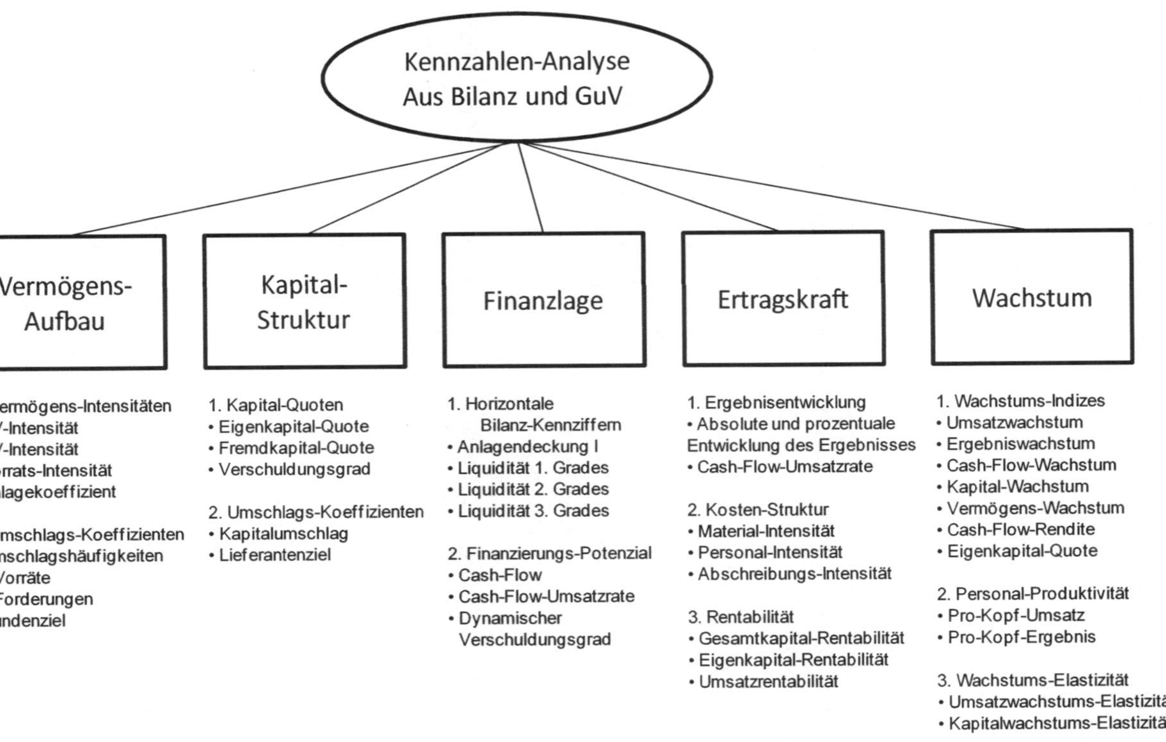

Abb. 3.12 Kennzahlen-Analysen aus Bilanz und GuV (eigene Darstellung)

- *Finanzlage*

  Hierbei wird eine *horizontale Bilanzanalyse* durchgeführt, d. h. die Vermögens-
  werte auf der Aktivseite der Bilanz mit dem Kapital auf der Passivseite verglichen. Dabei gilt die Regel, dass die Vermögensteile (z. B. das Anlagevermögen
  und der eiserne Bestand des Umlaufvermögens) durch langfristiges Kapital,
  d. h. durch Eigenkapital finanziert werden sollte. Das Umlaufvermögen kann
  durch lang- bzw. kurzfristiges Fremdkapital gedeckt sein. Dabei ist vor allem die
  Zahlungsfähigkeit (Liquidität) eines Unternehmens von besonderer Bedeutung.
     Eine besonders wichtige Kennzahl ist der *Cash-Flow* und die *Cash-Flow-
  Umsatzrate*. Der Cash-Flow gibt an, wieviele Geldmittel das Unternehmen erwirtschaftet hat. Der Cash-Flow wird folgendermaßen ermittelt: Vom *Jahres-
  ergebnis* wird der *ausgabenlose Aufwand* (z. B. Abschreibungen) *hinzuaddiert*
  und der *einnahmenlose Ertrag* (z. B. Auflösung von Sonderposten mit Rücklage-
  anteil) *abgezogen*.

- *Ertragskraft*

  Die Ertragskraft eines Unternehmens zeigen die verschiedenen Erfolgskompo-
  nenten der Ergebnisentwicklung, die Kostenstrukturen und die Rentabilitäten.
  Eine wichtige Größe ist der *Return on Investment (ROI)*. Er ist nach Abb. 3.13
  das Produkt aus der Umsatzrentabilität (Betriebsergebnis pro Umsatz) und des
  Kapitalumschlags (Umsatz pro investiertes Gesamtkapital). In diese Kennzahlen fließen weitere Kennzahlen ein, so dass das ROI-Schema nach Abb. 3.13 ein
  aussagefähiges *Kennzahlensystem* darstellt.

- *Wachstum*

  Die zeitliche Entwicklung von Umsatzerlösen, Ergebnissen und Kapitaleinsatz
  sind wichtige Anhaltspunkte für die Wachstumsmöglichkeiten eines Unternehmens. Wachstumselastizitäten geben an, zu wieviel Prozent das Unternehmen
  am branchenüblichen Wachstum teilgenommen hat.

  Es ist an dieser Stelle darauf hinzuweisen, dass nur die bestehenden Zahlen aus-
  gewertet werden können. Die positive Entwicklung eines Unternehmens ist aber
  auch sehr stark von *qualitativen* Eigenschaften abhängig, beispielsweise von der
  Qualität des Managements, dem Know-how und der Motivation der Mitarbeiter
  sowie vom Betriebsklima.

In Tab. 3.7 sind einige Kennzahlen aus der Bilanz und der GuV zusammengestellt,
wie sie für das Controlling geeignet sind.

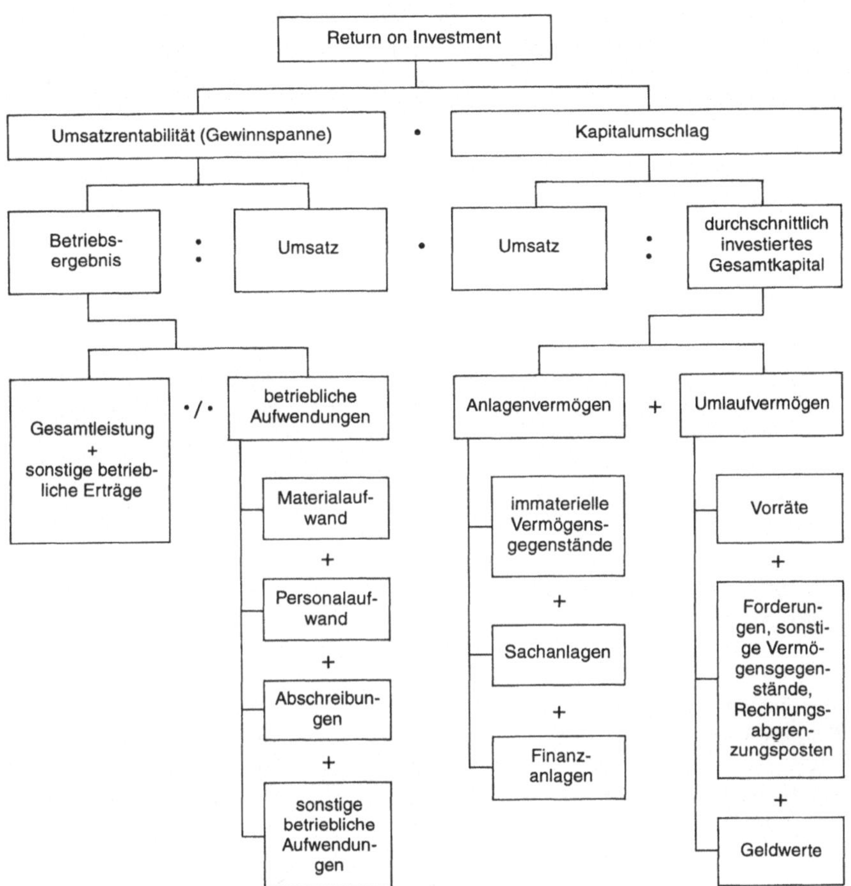

Abb. 3.13 Aufbau des Kennzahlensystems Return on Investment (ROI). (Quelle: Hering, E., Draeger, W.: Handbuch Betriebswirtschaft für Ingenieure, 3. Aufl. 2000)

3.9 Steuerung von Unternehmen

Um Unternehmen erfolgreich zu steuern, bedarf es gezielter Informationen. Diese beziehen sich auf die Steuerungsebenen, diese bedingen Steuerungsgrößen und diese wiederum erfordern entsprechende Steuerungsinstrumente. Dieses *Steuerungsmodell* ist in Tab. 3.8 zusammengestellt.

Tab. 3.7 Kennzahlen für das Controlling aus der Bilanz und der GuV (eigene Darstellung)

Kennzahlen	Ursache der Abweichung	Maßnahmen
	Kennzahlen aus der Bilanz	
	Vermögensaufbau	
AV-Intensität = Anlagevermögen/ Gesamtvermögen	Zu hoch	Zu hohe Investitionen in Maschinen und Anlagen
	Zu niedrig	Zu geringe Investitionen
		Investitionen prüfen und ggf. veranlassen
Vorräte-Intensität = Vorräte/ Gesamtvermögen	Zu hoch	Zu hohe Vorräte (Lagerabbau)
	Zu niedrig	Zu geringe Vorräte (Belieferung sichern)
	Kapitalstruktur	
Eigenkapital-Quote = Eigenkapital/ Gesamtkapital	Zu niedrig	Erhöhen des Eigenkapitals (z. B. durch zusätzliche Einlagen)
Fremdkapital-Quote = Fremdkapital/ Gesamtkapital	Zu hoch	Abbau des Fremdkapitals durch Umschuldung
		Tilgung des Fremkapitals durch Verkäufe
Verschuldungsgrad = Fremkapital/ Eigenkapital	Zu hoch	Erhöhung des Eigenkapitals
		Verringerung des Fremdkapitals
Kapitalumschlag = Umsatz/ Gesamtkapital	Zu gering	Erhöhung des Umsatzes
		Verringerung des Gesamtkapitals
Anlagendeckung I = Eigenkapital/ Anlagevermögen	Zu gering	Erhöhung des Eigenkapitals
		Verringerung des Anlagevermögens
Liquidität 1. Grades = Geldwerte/ kurzfristiges Fremdkapital	Zu gering	Erhöhung der Geldwerte (z. B. Anzahlungen)
		Verringerung des Fremdkapitals
Liquidität 2. Grades = Finanzumlaufvermögen/kurzfristiges Fremdkapital	Zu gering	Erhöhung des Finanzumlaufvermögens
		Verringerung des Fremdkapitals

Tab. 3.7 Fortsetzung

Kennzahlen	Ursache der Abweichung	Maßnahmen
	Kennzahlen aus der Bilanz	
	Vermögensaufbau	
Liquidität 3. Grades = Umlaufvermögen/kurzfristiges Fremdkapital	Zu gering	Erhöhung des Umlaufvermögens
		Verringerung des Fremdkapitals
Cash Flow = + Abschreibungen ± Veränderunglangfristiger Rückstellungen ± Auflösung des Sonderpostens mit Rücklagenanteil	Zu gering	Erhöhung des Jahresüberschussen
		Erhöhung der Abschreibungen
		Auflösung des Sonderpostens mit
		Rücklagenanteil
Dynamischer Verschuldungsgrad = (Fremdkapital-Geldwerte)/Cash-Flow	Zu hoch	Verringerung des Fremdkapitals
		Erhöhung des Cash-Flows
	Kennzahlen aus der GuV	
	Ertragskraft	
Prozentuale Änderung desJahresergebnisses = Jahresergebnisaktuell/Jahresergebnis Vorjahr * 100	negativ	Verbesserung des Jahresergebnisses
Materialintensität = Materialaufwand/Gesamtleistung * 100	Zu hoch	Verringerung des Materialeinsatzes
		Günstigerer Einkauf
Personalintensität = Personalaufwand/Gesamtleistung * 100	Zu hoch	Verringerung des Personalaufwandes
		Personalabbau, Leihpersonal
ROI = (Jahresergebnis vor Steuern + Zinsen)/Gesamtkapital	Zu gering	Erhöhung des Jahresergebnisses
		Verringerung des Gesamtkapitals
Umsatzrentabilität = Jahresergebnis/Umsatz	Zu gering	Erhöhung des Jahresergebnisses
	Wachstum	
Umsatzwachstum = Umsatzänderung/Umsatz Vorperiode	Zu gering	Umsatzwachstum stärken

Tab. 3.7 Fortsetzung

Kennzahlen	Ursache der Abweichung	Maßnahmen
	Kennzahlen aus der Bilanz	
	Vermögensaufbau	
Cash-Flow-Rendite = Cash-Flow/Gesamtkapital	Zu gering	Erhöhung des Cash-Flows
Pro-Kopf-Umsatz = Umsatz/Mitarbeiter	Zu gering	Erhöhung der Mitarbeiterproduktivität
Umsatzwachstums-Elastizität = Umsatzwachstum des Unternehmens/Umsatzwachstum der Branche	Zu gering	Umsatzwachstum stärken

Tab. 3.8 Steuerungsmodell eines Unternehmens (eigene Darstellung)

Steuerungs-Ebenen	Steuerungs-Größen	Steuerungs-Intsrumente
Gesamtunternehmen	Unternehmenswert	Unternehmenswertes, Bilanz, GuV
Geschäftfelder/Sparten	Erfolgspotenziale	Geschäftsfeld-Analyse
		Portfolio-Analyse
		Risikomanagement
		Frühwarnsysteme
Bereiche/Abteilungen	Kosten, Erlöse, Dekungsbeiträge	Kosten- und Leistungsrechnung
	Sachziele (Menge, Zeit, Qualität)	Marktorientiertes Kostenmanagement (target costing)
Abteilungen und Gruppen	Kosten, Erlöse, Dekungsbeiträge	Kennzahlensysteme
	Sachziele (Menge, Zeit, Qualität)	Messung von Sachzielen

Wie Tab. 3.8 zeigt, steht auf der obersten Führungsebene des Gesamtunternehmens die *Steigerung des Unternehmenswertes* (Shareholder Value) im Vordergrund. Um dies zu erreichen, müssen auf der Ebene der Geschäftsfelder die Erfolgspotenziale ermittelt werden. In den Unternehmensbereichen werden die Erfolgspotenziale umgesetzt. Dies erfolgt mit den Informationen aus der Kosten- und Leistungsrechnung und der Bestimmung und Kontrolle von Sachzielen. Diese Sachziele betreffen die einzelnen Bereiche des Controllings, wie sie in den Abschn. 3.2 bis 3.8 vorgestellt wurden.

Literatur

Eschenbach, R., Siller, H.: Controlling professionell: Konzeption und Werkzeuge. Schäffer/Poeschel (2011)

Fischer, T.M., Möller, K., Schultze, W.: Controlling: Grundlagen, Instrumente, Entwicklungsperspektiven. Schäffer/Poeschel (2012)

Hering, E., Draeger, W.: Handbuch Betriebswirtschaft für Ingenieure, 3. Aufl. Springer (2000)

Hering, E.: Controlling für Ingenieure, Springer Essential (2014)

Hering, E.: Marketing-Konzeptionen für Ingenieure, Springer Essential (2014)

Hering, E.: Personalmanagement für Ingenieure, Springer Essential (2014)

Hering, E.: Projektmanagement für Ingenieure, Springer Essential (2014)

Horvath, P.: Controlling. Vahlen-Verlag. (2011)

Jung, H.: Controlling. Oldenbourg (2011)

Küpper, H.-U., Friedl, G., Hofmann, C., Hofmann, Y.: Controlling: Konzeption, Aufgaben, Instrumente. Schäffer-Poeschel, Stuttgart (2005).

Ziegenbein, K.: Controlling. Kiehl-Verlag (2012)

E. Hering, *Controlling für Ingenieure*, essentials,
DOI 10.1007/978-3-658-04369-8, © Springer Fachmedien Wiesbaden 2014